Barcelona
La ciudad de Gaudí

Texto
Llàtzer Moix

Fotografías
Pere Vivas · Ricard Pla · Jordi Todó
Lluís Bertran · Lluís Casals · Albert Heras · Jordi Llobet · Jordi Longas
Manel Pérez · Ramon Pla · Juanjo Puente · Jordi Puig · Miguel Raurich
Siqui Sánchez · Jaume Serrat · Pere Sintes · Tino Soriano

Ilustraciones
Perico Pastor

TRIANGLE POSTALS

Barcelona, la mayor capital del Mediterráneo, se dispone a entrar en el tercer milenio de su historia con el aspecto y la energía de una joven debutante. Los Juegos Olímpicos de 1992 le permitieron desarrollar, durante la década de los ochenta, un espectacular proceso de transformación global. La ciudad ha conservado sus atractivos tradicionales -su carácter abierto y acogedor, un clima soleado y con una temperatura media de 17 grados, sus tesoros arquitectónicos, su entorno natural-. Y, paralelamente, se ha modernizado por completo, mediante la construcción de un nuevo aeropuerto, de nuevas áreas residenciales, de recreo y de servicios, la renovación de su sistema de comunicaciones y también con un remozado general de su rostro urbano.

El visitante que vuelva a la ciudad tras una ausencia de diez años descubrirá una ciudad distinta y mejor. Este libro refleja la historia de la ciudad, su brillante presente, y reúne una colección de imágenes que describen con precisión la nueva Barcelona.

La ciudad en la historia

Los colonos romanos fundaron Barcino hace más de dos mil años. Eligieron para esta ciudad un enclave arenoso de la costa nororiental ibérica, situado entre las desembocaduras de dos ríos –el Llobregat y el Besós– y protegido por la sierra de Collserola. La posición estratégica de aquel primer asentamiento –sus comunicaciones fluviales y terrestres con el interior, su puerto marítimo, también sus murallas– era ya la de una capital. La suavidad del clima y la abundancia de recursos naturales hicieron el resto. Barcelona se con-

1. Mosaico romano, mito de las Tres Gracias (s. III-IV d C.). Museo de Arqueología de Catalunya.

1

1

2

3

virtió, con el paso de los años, en la capital de Cataluña. Y, más tarde, en puerta europea de España y en principal puerto mediterráneo.

La historia de Barcelona va asociada a la de la región catalana; y la de ésta, a la lengua catalana, uno de los frutos de la evolución del latín, y elemento cohesionador de la tradición, la cultura y la identidad del país. Por ello, uno de los grandes momentos de Barcelona se produce en la Edad Media, cuando los distintos feudos repartidos por el territorio catalán se unen bajo el condado de Barcelona, a la sombra de los reyes francos. Aquella unión está en el origen de la gran expansión catalana por el Mediterráneo, en los siglos XIII y XIV. Las huellas de tales gestas comerciales y militares pueden rastrearse todavía en muchas localidades mediterráneas –en Sicilia, Malta o Cerdeña, e incluso en Atenas. Y también, lógicamente, en la

1 y 2. Pintura mural de una domus de Barcino (s.IV) y figura masculina de arenisca de Montjuïc (s. I A.C.- I D.C.). Ambas en el Museu d'Història de la Ciutat.

3. Restos romanos, en el Centro Excursionista.

4. Plano de la antigua Barcelona, año 1576.

BARCELON
BARCINO, quæ vulgo Barcelona dicitur, urbs est apud Hispanos celeberrima, mediterranei maris
littus, situ nobilitat, miramq antiquitatem redolet. A Romanis in Hispaniam transgressis, Fauentia
dicta. Mauris dein sæculis, cum diuersæ exterarum nationum manus, sese per Hispanias effunderent,
hanc etiam urbem, inter alias solo æquarunt, quæ proin vasta perseuerauit, donec eam noui
incolæ iterum instaurarent, ac veteri illi reddito nomine, Barcinonem rursus appellarent.
Durat etiam num hac nostra tempestate inter urbis appendices vestigium veterum murorum,
neq magnorum sane, neq spatiosorum. Quod si ijdem fuerunt, quos construxerat Hamilcar, constat
eos in ambitu tantum quatuor habuisse portas, turrib. vicinas, in quibus cælaturæ quædam
cernuntur speciem gerentes capitum bubulorum, quibus veterum nonnulli significari pacem arbi-
trantur, atq laborem et exercitationem, quæ omnium humanorum bonorum habentur in-
strumenta. Vaque alio vero ampla et promiscua sunt ædificia, quæ priores muros cingunt,
et caput hæc prius esse experit, & nunc etiam sit Cataloniæ, vnaque sit ex pulcerio-
ribus ditiorib. amœniorib. ac potentioribus Hispaniæ ciuitatibus. Flor. Florianus
de Campo

propia Barcelona: en su esplendoroso barrio gótico, con su Palau Reial, en los palacios de la calle Montcada, en las Atarazanas o en diversos templos, como Santa Maria del Mar.

Tras su nacimiento –romano– y su pujante juventud –medieval y mediterránea–, Barcelona alcanzó su momento de madurez y acomodamiento a mediados del siglo xix. Fue entonces cuando acometió la revolución industrial y consolidó su posición como la ciudad española de mayor vocación y sintonía europeas. La transformación que vivió Barcelona en aquellos años fue total. Vio caer sus murallas, expandió su estructura urbana con el trazado del Eixample, reconvirtió su estructura económica dándole un claro acento industrial, rebrotó culturalmente con la Renaixença, y sembró sus tierras para la esplendorosa cosecha del Modernisme, recogida en

1 y 3. Museo de Historia. Ruinas romanas en el subsuelo y lápida Barcino.
2. Bajorrelieve en la muralla romana.
4 y 5. Iglesia románica de Sant Pau del Camp. Claustro y fachada principal.
6. Puerta gótica del Ayuntamiento.

1

2

3

4

5

6

los primeros años del siglo XX. Fue probablemente esta cosecha la que fijaría la más característica imagen de la ciudad, aquella que con más fuerza ha venido a impresionar el recuerdo de cuantos la han visitado durante el siglo XX.

En el último tramo de este siglo, Barcelona se ha aupado, con la transformación motivada por los Juegos Olímpicos de 1992, de la madurez hasta los contornos de la excelencia. Abierta –más que nunca– al mar, convertida en modelo de moderna organización urbana, cultural y económicamente consolidada, y engalanada por artistas y arquitectos locales e internacionales, Barcelona ha subrayado su condición de ciudad referencia. Una referencia que fue catalana, luego mediterránea, más tarde europea y, ahora, es global.

1. El Arc de Triomf, erigido en 1889.
2. La Sagrada Familia, catedral del Modernisme.
3. Galera Real del Museu Marítim, en las Drassanes.
4. Vista aérea del edificio de las Drassanes. (s. XIV), situadas al final de la Rambla, cerca del monumento a Colón.

1

2

3

El puerto y la Rambla

Cristóbal Colón, a 50 metros del suelo, desde lo alto de uno de los monumentos más conocidos de Barcelona, señala permanentemente el mar con su dedo índice. Colón personifica, en este sentido, la deuda de agradecimiento que Barcelona tiene con el mar, por el que llegaron los fundadores de Barcino y por el que sus descendientes viajaron para relacionarse con el mundo.

Un paseo por el litoral barcelonés permite comprobar que los vínculos entre el mar y la ciudad

1. Vista nocturna del puerto y del monumento a Colón.
2. Vista diurna del puerto, la Rambla de Mar y Maremàgnum.

1

alcanzan hoy los más diversos aspectos de la cotidianidad. De sur a norte, el visitante hallará primero el puerto comercial, con sus silos y almacenes, que proveen o liberan de mercancías y contenedores a los cargueros. Rodea a este puerto una larga escollera, último abrigo de la ciudad frente al mar, y escenario predilecto de pescadores, gimnastas y enamorados.

Siguiendo hacia el norte, ya alineada con el casco antiguo de la ciudad, se halla la estación marítima, desde la que se embarca hacia las Baleares u otros destinos mediterráneos u oceánicos. A su lado, una sinuosa pasarela levadiza –auténtica prolongación marítima de la Rambla– conecta al paseante con Maremàgnum, una pequeña ciudad del ocio construida recientemente sobre las aguas del puerto, y situada entre el muelle en el que amarran la flota pesquera y los pantalanes de los clubs Nàutic y Marítim. En el primer año de vida de Maremàgnum, doce millones de personas lo han visitado,

1. Monumento a Cristobal Colón.
2. Aspecto nocturno del tramo inferior de la Rambla.

COSMOS

para conocer su Aquàrium, sus cines, sus comercios, sus restaurantes y bares.

El paseo por la costa barcelonesa prosigue hacia el norte por los bellos espacios reurbanizados que rodean la Barceloneta, un populoso barrio de calles angostas y sabor marinero. Y ya en el extremo norte del litoral aguarda la Villa Olímpica, dotada con su correspondiente puerto de recreo. Esta zona residencial de nueva planta, construida para albergar a los atletas de los JJ.OO. del 92, se ha convertido en el más concurrido punto de encuentro ciudadano, en especial durante los meses de primavera y verano. La Villa Olímpica –como la Barceloneta– está ribeteada por la playa, que suma frente a la ciudad un total de cuatro kilómetros, perfectamente acondicionados.

Pero hay que volver a Colón, a su estatua, para iniciar la ascensión de la Rambla, cauce tradicional por el que los barceloneses van al encuentro del mar, y tam-

1. La pasarela de la Rambla del Mar une, con formas sinuosas, la ciudad y el centro comercial Maremàgnum.

bién hermoso y transitado emblema de una ciudad abierta, en la que se mezclan culturas, etnias y tradiciones.

La Rambla fué durante siglos un torrente a cielo abierto por el que Barcelona desaguaba al mar. Hoy es una amplia vía, cubierta por frondosos plátanos, que separa el Raval del Barri Gòtic. Organizada alrededor de un amplio paseo central, rodeado por sendas calzadas de tráfico rodado, la Rambla es una explosión de vida, pespunteada por puestos de venta de prensa, de flores y de animales de compañía. Muy espaciosa en su tramo inferior, la Rambla adquiere su ancho medio a la altura de la plaza Reial, un soleado recinto urbano, rectangular, porticado y provisto de altas palmeras.

La ascensión por la Rambla, jalonada por cafés antiguos, terra-

1. La plaza Reial, situada junto a la Rambla.
2. Los puestos de flores jalonan la Rambla en su tramo central.
3. Una imagen clásica de la Rambla: ríos de paseantes, entre quioscos de prensa y a la sombra de los plátanos.

1

2

LAVANGUARDIA
LAVANGUARDIA
LAVANGUARDIA Un gran diario europeo

zas, viejas tiendas de decoración modernista y nuevos comercios de "souvenirs", tiene otro de sus puntos de interés en el Gran Teatre del Liceu, escenario de la tradición operística barcelonesa, otrora apasionadamente dividida entre wagnerianos y partidarios de Verdi. A los pies del Liceu, destaca el mosaico creado por el pintor Joan Miró. Unos portales más arriba, a través del hueco dispuesto en un edificio de reciente construcción, se descubre la iglesia gótica del Pi, que merced a este recurso arquitectónico, casi se asoma, desde su solar de Ciutat Vella, a la palestra ramblera. En la acera de enfrente, se levanta la mole metálica del Mercat de la Boqueria. Los colores de los cristales emplomados y del escudo ciudadano que enmarcan su pórtico son tan solo un anticipo de la explosión cromática y

1. Los soportales de la plaza Reial albergan terrazas de cervecerías.
2. Casa Figueras, comercio modernista situado en la Rambla.
3, 4 y 5. Tres vistas del mercado de la Boqueria, que ofrece un completo surtido de alimentos junto a la Rambla.

1

Confiteria
PASTAS ALIMENTICIAS
PERLAS
ESCRIBA
FUNDADA EN 1820

2

3

4

FRUTAS
CARMEN
Guzmán

vital reunida bajo sus naves. Frutas, verduras, carnes, pescados y crustáceos se expenden en sus puestos.

El paseo por la Rambla prosigue entre flores hasta su extremo superior, en la plaza de Catalunya. Y, a lo largo de todo el paseo, poblado por sus características estatuas vivientes (ciudadanos con un peculiar y muy pasivo concepto del espectáculo callejero), el visitante tiene ocasión de cruzarse con vecinos, turistas, emigrantes, feligreses, delincuentes asilados en los márgenes de la Rambla, burgueses recién salidos del Liceu o de otros teatros cercanos, poetas, locos, desocupados o mensajeros. En la Rambla, auténtico concentrado vital, convergen todos los rostros de la Humanidad.

1. Detalle modernista de la Casa Quadros (La Rambla).
2. Fuente de la plaza Reial.
3. Transeúntes ante una estatua humana en la Rambla.
4. Quiosco de pájaros.
5. Mosaico diseñado por el pintor Joan Miró en el Pla de l'Os, en el corazón de la Rambla.
6. Puestos de flores.

1

2

3

4

LA VANGUARDIA
LA VANGUARDIA
BANCA CATALANA

CONSULTORI · MÈDIC
9 - La Flor de la Rambla
LA VANGUARDIA

El gótico en Ciutat Vella

Barcelona es un viejo árbol cuyo tronco se ha ido engrosando a lo largo de dos mil años. En el corazón de ese tronco se encuentra ahora el barrio gótico. Las calles de esta zona histórica, situada a la derecha de la Rambla, según se sube del mar a plaza de Catalunya, son estrechas; por tal motivo, sus edificios, con la huella del tiempo y la humedad grabada en sus fachadas, están bañados por una luz escasa y dorada, que lame las calzadas pocas horas al día.

Esta ciudad de una época definitivamente desaparecida

1. La catedral y Ciutat Vella desde el aire.
2. Plano parcial de Ciutat Vella.

1

Plaça de Castella
Catalunya
Urquinaona
Bruc
Girona
Bailèn
Passeig de Sant Joan
Comte Borrell
Comte d'Urgell
Sant Antoni
Bergara
C. de Pelai
Valldonzella
Floridablanca
Plaça del Pes de la Palla
Casa de la Caritat CCCB
Montalegre
Tallers
Plaça de Catalunya
Plaça Urquinaona
Fontanella
Ausiàs March
Ronda de Sant Pere
Ali Bei
Roger de Flor
Nàpols
MACBA
Ronda de
Catalunya
Plaça del Bon Succés
Plaça dels Angels
Joaquín Costa
Xucla
La Rambla
Santa Anna
Av. Portal de l'Àngel
Comtal
Via Laietana
Jonqueras
carrer de
Trafalgar
Antigua Estació del Nord (autobusos)
St. Antoni
Riera Alta
Manso
Palau de la Música Catalana
Arc de Triomf
Av. de Vilanova
Sant Antoni Abat
Pintor Fortuny
Canuda
Montsió
Pl. Lluís Millet
Sant Pere més alt
Plaça Sant Pere
Poliesportiu Estació del Nord
Ronda de Sant Pau
Plaça Pedró
Carme
Plaça Vila de Madrid
Rec Comtal
Arc del Triomf
Almogàvers
Sant Pere mitjà
Sant Pere més baix
Palau de la Virreina
Hospital de la Santa Creu
Rambla de St. Josep
Portaferrissa
Arcs
Placeta del Comerç
Plaça Garduna
Mercat de la Boqueria
Boters
Petritxol
C. del Pi
Av. Catedral
Av. Cambó
Buenaventura Muñoz
Hospital
Catedral
Pg. Ll. Companys
Riereta
Sant Jeroni
Cadena
Robadors
Plaça del Pi
Banys Nous
Plaça del Rei
Carders
Tantarantana
Comerç
Passeig Pujades
Plaça Josep Mª Folch i Torres
Plaça St. Agustí
Liceu
Boqueria
Museu d'Història
Generalitat
Jaume I
Assaonadors
Museu Zoologia
Gran Teatre del Liceu
Sant Pau del Camp
Sant Pau
Paral·lel
Plaça de Sant Jaume
Jaume I
Princesa
Museu Picasso
Hivernacle
Parc de la Ciutadella
Unió
Ferran
Ajuntament
Marquès de Barberà
Rambla dels Caputxins
Plaça Reial
Avinyó
Montcada
Rec
del
Fusina
Museu Geologia
Wellington
Tàpies
Palau Güell
Palau
Argenteria
Passeig de Picasso
Umbracle
Nou de la Rambla
del
Escudellers
Plaça dels Traginers
Sta. Maria del Mar
Pg. del Born
Carrer
Ribera
Vila i Vilà
Avinguda Drassanes
del Teatre
Plaça del Teatre
Museu d'Art Modern
L'Arc
La Llotja del Mar
Pla del Palau
Marquès de l'Argentera
Basílica de la Mercè
Plaça d'A. López
Estació de França
Paral·lel
Portal de Santa
Madrona
Rambla de Sta. Mònica
Carrer Ample
Pg. Isabel II
Zoo
Passeig de Montjuïc
Palaudàries
Passeig de Colom
Barceloneta
Montjuïc
Museu Marítim
Plaça Portal de la Pau
Moll del Dipòsit
Museu d'Història de Catalunya
Passeig de la Circumval·lació
Drassanes
Colom
Moll de la Fusta
Ronda del Litoral
Ciutadella
Avinguda d'Icària
Passeig de Josep Carner
Moll de Drassanes
Balboa
Rambla del Mar
Ginebra
Imax
Reial Club Marítim
Moll de la Barceloneta
Passeig Joan de Borbó
La Maquinista
Salvat
Moll de St. Bertran
Moll de Barcel
l'Aquàrium
Plaça de la Font
Maremàgnum

mantiene sin embargo en pie un importante núcleo urbano. Tanto la catedral como el Palau Reial Major –símbolos de los poderes religioso y terrenal– siguen en buenas condiciones de uso. Al igual que el Palau de la Generalitat, sede del gobierno catalán, y el Ayuntamiento, o que las iglesias de Santa Maria del Mar y del Pi, o los restaurados palacios de la calle Montcada.

La visita al Barri Gòtic puede iniciarse en la plaza Nova –una amplia superficie pavimentada y reservada a los peatones, ocasional escenario de mercadillos– situada frente a la catedral. La catedral gótica de Barcelona empezó a construirse como tal a finales del siglo xiii y prosiguió en obras hasta seis siglos después, cuando a finales del xix se acometió su fachada. El templo tiene tres naves con bóvedas de crucería y está flanqueado por dos airosas torres octogonales. No hay que dejar de visitar el claustro adosado a la catedral, donde crecen magnolias,

1. Restos de la muralla romana.
2. Fachada principal de la catedral.
3. Detalle del claustro de la catedral.

1

2

3

níspero, palmeras y naranjos. Estos elementos, sumados a los arcos, las complejas verjas de hierro forjado, la cerería parpadeante de capillas y ofrendas votivas, el murmullo del agua y el verdín que alfombra las losas centenarias bajo una luz tamizada, crean una atmósfera singular, irreal.

Al abandonar este recinto puede efectuarse una visita a la plaza de Sant Felip Neri, un remanso de paz, y luego, de vuelta a la calle Bisbe Irurita, rodear el ábside de la catedral en dirección a la plaza del Rei.

El Palau Reial Major, que preside dicha plaza, se remonta a los orígenes de nuestra era. Puede decirse que este edificio, sede del poder catalán en su esplendorosa época medieval, ha ido construyéndose, ampliándose, mutilándose o restaurándose, y siempre transformándose, desde las postrimerías del imperio romano. Impactan particularmente, al lle-

1. Claustro de la catedral: un recinto sombreado y sereno.

2. En primer término, las torres de la catedral. Al fondo, las del templo de la Sagrada Familia.

1

gar a esta plaza, la fachada del palacio y la escalinata renacentista que le da acceso. La fachada, formada por distintas secuencias de arcos que remata la torre del Rei Martí, es monumental y espectacular, y oculta el Saló del Tinell (la sala mayor), donde se dice que Cristóbal Colón presentó su proyecto de viaje a las Indias a los Reyes Católicos. El Palau Reial Major está rodeado, a la izquierda, por el Palau del Lloctinent, y a la derecha por la capilla de Santa Águeda. En el cuarto lado de la plaza, junto a una moderna escultura de hierro de Eduardo Chillida cuyas formas armonizan perfectamente con la arquitectura medieval, está el Museu d'Història de la Ciutat. Desde el museo se accede a un recorrido subterráneo por las ruinas de la ciudad romana; un recorrido que serpentea bajo todas las construcciones mencionadas e incluso bajo otras,

1 y 2. Dos aspectos de la catedral: remate de un pináculo e interior de una torre.
3 y 4. Detalle y vista general de "l'ou com balla", tradición pascual que se repite todos los años en el claustro de la catedral.

1

2

3

como son las dependencias ocupadas actualmente por el Museu Marès.

La cercana calle de l'Argenteria –antaño sede de plateros y fabricantes de armas blancas– fue en su día la calle del Mar. En su extremo y casi a la orilla del Mediterráneo se halla la plaza de Santa Maria del Mar, de marcado acento medieval, dominada por la monumental iglesia del mismo nombre. Obra del arquitecto Berenguer de Montagut, Santa Maria es un paradigma del mejor gótico catalán, construido con relativa rapidez a partir de la primera mitad del siglo xiv. En su interior, organizado en tres naves de gran altura, Santa Maria produce en el visitante una justificada sensación de majestuosidad y elegancia, tanto por la esbeltez de sus columnas como por la distancia que las separa.

Detrás de Santa Maria del Mar, en el Passeig del Born y con el viejo mercado de abastos a tiro de piedra, puede embocarse la calle Montcada, donde tenía sus pala-

1. Torre del Rei Martí, en la plaza del Rei
2. Interior del gótico salón del Tinell

1

2

cios la nobleza de la Barcelona de los siglos xiv y xv. Esta calle oblicuamente soleada es una sucesión de espléndidos caserones, a los que se accede por altos portales aptos para caballerías y carruajes. Tras dichas entradas suele haber un espacioso patio y una escalera que conduce a la planta principal de estas residencias. Los palacios de la calle Montcada han sido recuperados como sedes de galerías de arte y de museos. Entre estos últimos destaca el Museu Picasso, que hoy ocupa tres palacios contiguos y que con su colección (donde destaca la obra de juventud del pintor) es uno de los puntos de mayor atractivo turístico de la ciudad. Frente a él se encuentran el Museu de la Indumentària o la sede, recientemente inaugurada, de la colección Barbier Mueller de arte antiguo.

Por la vecina calle Princesa, y luego por Fernando, puede alcanzarse la plaza de Sant Jaume. En este enclave de regusto italiani-

1

1. Plaza e iglesia de Sant Felip Neri.
2 y 3. Dos vistas de la calle del Bisbe: acceso a la plaza Sant Jaume, y desembocadura en la plaza Nova.

2

3

zante se enfrentan, y no solo físicamente, los dos grandes poderes afincados en Barcelona: el de la Generalitat –o gobierno catalán, cuyo Palau se yergue a un lado de la plaza– y el del Ayuntamiento –cuyo edificio se levanta al otro lado–.

El Palau de la Generalitat es una construcción cuyas primeras partes datan de principios del siglo XV. Sus elementos más destacados –el patio y la escalera principales, la fachada de la calle del Bisbe Irurita o el Pati dels Tarongers– son piezas levantadas siguiendo los modos góticos. Su fachada principal, sobre la plaza de Sant Jaume, es de estilo renacentista.

El Ayuntamiento es también un edificio fruto de numerosas transformaciones. Su elemento más característico es, probablemente, el Saló de Cent, donde se reunían los representantes ciudadanos ya a finales del siglo XIV y que la corporación municipal

1. Patio del Museu de la Indumentària, un antiguo palacio de la calle Montcada.
2 y 3. La plaza del Pi convertida, sucesivamente, en mercadillo de arte y en escenario musical.

1

2

3

sigue empleando para reuniones de especial relieve.

La plaza de Sant Jaume, flanqueada por ambas instituciones, ofrece en su espacio central un escenario para todo tipo de manifestaciones. En ella se han vivido desde vibrantes proclamas patrióticas hasta protestas de distintos colectivos, sin olvidar las rituales peregrinaciones de los equipos de la ciudad tras sus victorias en competiciones diversas. La plaza es también un ámbito familiar para los practicantes del folclore tradicional, y en ella menudean el baile de *sardanes* –la danza típica catalana– y las torres humanas formadas por los *castellers*.

1 y 2. Castellers en acción: culminación y caída de una torre humana en la plaza de Sant Jaume.
3. Vista del Palau de la Generalitat, sede del gobierno autónomo catalán.

El Eixample y el Modernisme

El Eixample, un barrio al tiempo residencial y de servicios, es la zona central de la Barcelona moderna. Hasta mediados del siglo xix, Barcelona fue una ciudad encorsetada por la estructura amurallada medieval. Pero en 1856 el ingeniero Ildefons Cerdà presentó su primer proyecto para el ensanche de la ciudad, un plan visionario para adecuar la estructura de la ciudad a sus necesidades presentes y futuras. A grandes rasgos, el Eixample puede definirse como un proyecto de crecimiento de Barcelona, y de conexión con pequeños municipios

1. Vista aérea del Eixample.
2. Plano parcial del Eixample.

1

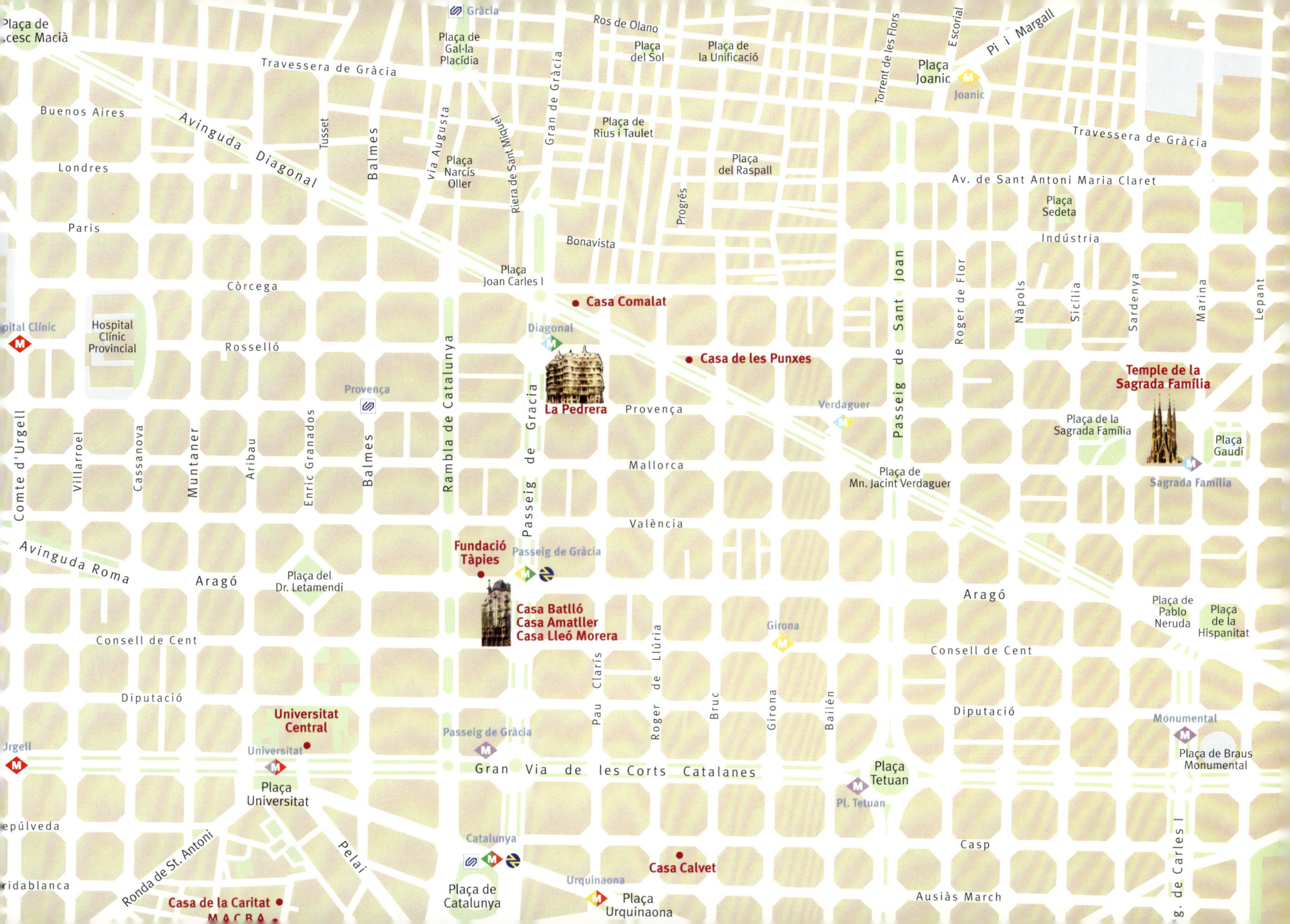

Gràcia
Plaça de Gal·la Placídia
Ros de Olano
Plaça del Sol
Plaça de la Unificació
Torrent de les Flors
Escorial
Pi i Margall
Plaça Joanic
Joanic
Travessera de Gràcia
Buenos Aires
Avinguda Diagonal
Tusset
Balmes
via Augusta
Riera de Sant Miquel
Gran de Gràcia
Plaça de Rius i Taulet
Plaça Narcís Oller
Londres
Plaça del Raspall
Progrés
Travessera de Gràcia
Av. de Sant Antoni Maria Claret
Plaça Sedeta
Paris
Bonavista
Indústria
Plaça Joan Carles I
Còrcega
Casa Comalat
Diagonal
Hospital Clínic Provincial
Rosselló
Casa de les Punxes
Passeig de Sant Joan
Roger de Flor
Nàpols
Sicília
Sardenya
Marina
Lepant
Temple de la Sagrada Família
Provença
La Pedrera
Provença
Verdaguer
Plaça de la Sagrada Família
Plaça Gaudí
Comte d'Urgell
Villarroel
Cassanova
Muntaner
Aribau
Enric Granados
Balmes
Rambla de Catalunya
Passeig de Gràcia
Mallorca
Plaça de Mn. Jacint Verdaguer
Sagrada Família
València
Avinguda Roma
Aragó
Plaça del Dr. Letamendi
Fundació Tàpies
Passeig de Gràcia
Casa Batlló
Casa Amatller
Casa Lleó Morera
Aragó
Plaça de Pablo Neruda
Plaça de la Hispanitat
Consell de Cent
Pau Claris
Roger de Llúria
Bruc
Girona
Girona
Bailèn
Consell de Cent
Diputació
Universitat Central
Universitat
Passeig de Gràcia
Diputació
Monumental
Plaça de Braus Monumental
Gran Via de les Corts Catalanes
Plaça Universitat
Plaça Tetuan
Pl. Tetuan
Ronda de St. Antoni
Pelai
Catalunya
Casa Calvet
Casp
Urquinaona
Plaça de Catalunya
Plaça Urquinaona
Ausiàs March
Casa de la Caritat
MACBA

colindantes, en busca de unas condiciones de circulación, salubridad y, en especial, de densidad de ocupación, que revolucionaron por completo los estándares de la época; y que ahora, en las puertas del siglo xxi, siguen resultando operativos.

El Eixample es el traje de la Barcelona moderna y constituye como tal un producto exquisito del *seny* catalán –el aspecto equilibrado y juicioso del carácter local–. Tales hechuras fueron complementadas adecuadamente por el Modernisme, que se encargó de iluminar con exuberantes telas y colores –en este caso piedras, cerámicas, hierros y cristales– la nueva vestimenta. El Modernisme sería, de este modo, un fruto de la *rauxa* catalana –el aspecto desorbitado e imprevisible del carácter local– que actúa como complementario del ya citado *seny*.

1, 2 y 3. Fuentes y figuras escultóricas en la plaza de Catalunya.
4. Vista aérea de la plaza de Catalunya.
5. La Pedrera, edificio de Gaudí en el Passeig de Gràcia.
6. Maratón popular en el Passeig de Gràcia.
7. La Sagrada Familia y la Diagonal.

1

2

3

4

ATENCIO DOBLE SENTIT

6

Sobre planta, el Eixample es una retícula ortogonal, tan solo alterada por sus arterias principales: el señorial Passeig de Gràcia (por donde a principios de siglo xx paseaban los barceloneses, para ver y dejarse ver), la calle Aragó y la Gran Via de les Corts Catalanes (que la cruzan longitudinalmente), la Diagonal (que la atraviesa oblicuamente), y alguna que otra plaza, como la de Catalunya.

Pero el alzado del Eixample es otra cosa. Cuando se levantaron la mayoría de sus edificios, Cataluña vivía un dulce momento económico, cimentado desde principios del xix, cuando Barcelona fue perfilándose como motor económico del país, labrado con la revolución industrial y rubricado con la fabril actividad de los dos primeros decenios del siglo, cuando las factorías catalanas se convirtieron en proveedoras principales de las naciones europeas en guerra.

Esta bonanza económica, junto a movimientos culturales de afir-

1

1. Trama cuadriculada del Eixample, cruzada por la Diagonal.
2. La Casa de les Punxes.

mación nacional como la Renaixença y el resurgir de las artes aplicadas, vinieron a coincidir con la eclosión del Modernisme y a sustanciarlo.

Barcelona es la ciudad de Gaudí, figura genial e inclasificable que coincidió en el tiempo con el Modernisme. Pero Barcelona es también la ciudad de éste movimiento arquitectónico –del Modernisme–, que debe ser considerado como la libre convivencia de decenas de arquitectos, cientos de promotores y miles de artesanos.

El Modernisme, aún entendido con arreglo a lo expuesto en el anterior párrafo, tiene sus grandes nombres y sus obras clave en la ciudad de Barcelona. La más paradigmática es, con toda probabilidad, el Palau de la Música Catalana (Sant Pere més alt, 11), obra de Lluís Domènech i Montaner. Construido entre 1905 y 1908 como sede de la sociedad coral Orfeó Català, el Palau es una de

1 y 2. Palau de la Música Catalana, obra de Domènech i Montaner. Columnata de acceso y vista del interior de la sala, con su esplendorosa decoración modernista.

1

las más bellas y deslumbrantes salas de conciertos del mundo. Concebido con plena libertad expresiva, pese a las estrecheces del solar, el Palau constituye un alarde arquitectónico en el que se combinan la audacia constructiva, la carga simbólica y la riqueza artesanal. Polícromo y floral, mágico y acogedor, este edificio se mantiene en plena forma albergando unos 300 conciertos anuales, a los que asisten, en total, alrededor de medio millón de personas.

La suma de esfuerzos profesionales que caracteriza el Palau, ese anhelo de la obra de arte total, es una constante en la arquitectura modernista de Barcelona, y se hace de nuevo patente en otras construcciones de Domènech i Montaner; entre ellas, el Hospital de Sant Pau (Sant Antoni Maria Claret, 167-171) y la Casa Lleó Morera (Passeig de Gràcia, 35). Pero, como señalábamos más arri-

1. Fachada principal del Palau.
2. Mosaico.
3. Una antigua taquilla de la entrada.
4. Fachada principal.
5. Esculturas combinadas con mosaicos en el escenario del Palau.

1

2

3

4

ba, el Modernisme no es la obra de unos pocos arquitectos, sino un movimiento en el que participan, en distinta medida, muy diversas capas sociales.

Cabe mencionar, por tanto, algunos otros casos en los que la expresión modernista ha sido particularmente afortunada: la Casa Amatller (Passeig de Gràcia, 41) y la Casa de les Punxes (Diagonal, 416-420), ambas de Josep Puig i Cadafalch; y también algunas obras, entre otros, de Jujol, Rubió i Bellver, Valeri i Pupurull, Granell, Sayrach, Sagnier, etc.. Todo ello sin olvidar que los paseos por el Eixample, junto al conocimiento de las grandes obras, permiten entregarse a una ocupación más placentera y sorprendente, como es el continuo descubrimiento del esplendor constructivo de la época, ya sea en un gran edificio o en un pequeño comercio. Balcones, escaparates, esgrafiados, mosaicos, cornisas, zaguanes, escaleras o ascensores reservan a menudo pequeños

1. Vista aérea del Hospital de Sant Pau.
2, 3 y 4. Edificios modernistas: Casa Amatller, Palau Macaia y Casa Comalat.

1

2

3

4

tesoros a quien sabe buscarlos. Tesoros que pueden admirarse desde la misma calle, pero que no terminan en ella: algunos interiores ocasionalmente visitables (como el de la ya citada Casa Lleó Morera) encierran auténticas sinfonías artesanales, obras cumbre de las mejores artes aplicadas.

Es precisamente esta riqueza creadora, tanto a pie de calle como en los interiores de los edificios, la que hace de la Barcelona modernista una referencia singular en el panorama europeo de ciudades que, como París, Londres, Munich o Viena, vivieron un particular período de esplendor constructivo a caballo entre los siglos xix y el xx.

1

2

1 y 3. Casa Lleó Morera. Detalle de un mosaico y visión de conjunto de sus vidrieras.
2. Ascensor, obra de J.M.ª Jujol.

El mundo de Gaudí

La imagen de Barcelona está asociada a la del arquitecto Antoni Gaudí. Conocer su obra es uno de los principales objetivos que persiguen los visitantes de la ciudad. La Pedrera (Passeig de Gràcia, 92) es, quizás, el lugar más indicado para iniciar el circuito gaudiniano de Barcelona. Este edificio de viviendas (actualmente propiedad de una fundación cultural y sede de exposiciones) se asienta sobre una esquina del Eixample y posee tres fachadas. Todas ellas integran en realidad una sola, definida por sus carac-

1 y 2. La Pedrera. Detalle de su fachada de piedra tallada y hierro forjado.
3. Azotea de la Pedrera, al anochecer.

1

LA VASCO
NAVARRA

terísticas líneas curvas, que evocan un improbable oleaje de piedra, salpicado por las retorcidas barandillas metálicas de los balcones.

Tras un multimillonario proceso de restauración, culminado a mitad de los años noventa, la Pedrera ofrece un aspecto espléndido, y no solo en su fachada. Los accesos del edificio, que conducen hasta los patios de luces, exhiben ahora de nuevo sus frescos originales, de gran colorido. Buena parte de los pisos han recuperado su aspecto inicial y muestran de nuevo las carpinterías modernistas y los a menudo misteriosos dibujos y relieves trazados sobre los techos de yeso. En el nivel superior, la azotea –la gran sorpresa del edificio– presenta un aspecto deslumbrante. Su bosque de chimeneas, las sorprendentes e ingeniosas construcciones escultóricas –que esconden escaleras y depósitos de agua–, su superficie ondulante y sus imaginativas ornamentaciones constituyen una combinación arquitectónica única, tan solo

1

2

3

4

1, 2, 3 y 4. Detalles de la Pedrera.
5 y 6. Casa Batlló: escalera de acceso y remate de fachada.

5

6

concebible por un talento genial. A modo de complemento teórico, la Pedrera ha habilitado en sus antiguas mansardas –otro espacio singular, cuya estructura semeja el vientre de un gigantesco cetáceo– el denominado “Espai Gaudí”. En él, mediante audiovisuales, maquetas y fotos, puede comprenderse la lógica interna de la obra del arquitecto, así como todo su repertorio, sus métodos, sus ambiciones, su contexto histórico y sus referencias. Y, al tiempo, puede descubrirse que el genio de Gaudí no solo residía en sus increíbles acabados, sino también –y de forma muy principal– en sus innovadoras e incluso visionarias propuestas en el campo de las estructuras constructivas.

No lejos de la Pedrera (también en el Passeig de Gràcia, en su número 43) se levanta otra famosa construcción gaudiniana: la Casa Batlló. La labor de Gaudí en este edificio –a partir de una construcción de escaso interés– con-

1

2

3

1, 2 y 3. Tejados y chimeneas de la Casa Batlló.
4. Vista nocturna de la tribuna y pisos inferiores.

sistió en añadir dos pisos más, reconstruir la planta principal y mudar por completo la epidermis de la finca. Las líneas curvas dominan la fachada, adornada con elementos de formas orgánicas y revestida de colores, con una textura que recuerda brocados y pedrerías. El tejado, que semeja la piel de un dragón, rematado por una cruz bulbosa y varias chimeneas, viene a potenciar el sabor medieval del conjunto.

Tanto la Pedrera como la Casa Batlló son obras nacidas de una imaginación desbordante. Sin embargo, levantadas al fin entre medianeras, se someten a algunas limitaciones inexistentes en otras obras gaudinianas, entre las que destaca, por ambición y dimensiones, el templo expiatorio de la Sagrada Familia (Marina, 252-plaza Sagrada Familia).

Gaudí, un arquitecto de inclinación mística y convicciones espirituales, trabajó en la Sagrada Familia –cuyas obras prosiguen

1 y 2. La Sagrada Familia. Vista de cuatro pináculos en la fachada del Nacimiento e imagen de la fachada de la Pasión, con sus recientes grupos escultóricos.

1

hoy en día, entre protestas de arquitectos y fervores religiosos– con mayor empeño y no menor libertad formal que en sus otras construcciones. De hecho, pasó los últimos años de su vida junto al templo, una de cuyas dependencias anejas convirtió en su vivienda.

La Sagrada Familia –como una segunda catedral de Barcelona– es una mole de dimensiones infrecuentes. Concebida sobre una planta de cruz latina, con cinco naves, tres fachadas, un ábside y un crucero, el templo destaca por sus estilizadas torres (de alrededor de un centenar de metros de altura), coronadas por pináculos de cerámica. Dichas torres –donde se combina una línea husiforme, propia de la moderna aeronáutica, con una recargada ornamentación– aportan al conjunto un rasgo de gran espectacularidad que, curiosamente, no es el mayor previsto por Gaudí. Y así es porque entre las partes todavía no construidas del templo destaca un monumental cimborrio de 170

1. Sagrada Familia. Coronación de María.
2 y 4. Escaleras de las torres.
3. Relieve de la Anunciación, en la cripta.

1

2

3

4

metros de altura, que ha de cubrir algún día el crucero y convertirse en el más destacado elemento de este descomunal conjunto arquitectónico.

Gaudí, que aceptó el encargo de la Sagrada Familia a los 31 años de edad, pasó toda su vida vinculado a esta obra, que avanzaba –como ahora– a velocidad discontinua, en función de las disponibilidades económicas. En ella desarrolló su inventiva y su creatividad, y dejó volar su imaginación más allá de lo que suele ser preceptivo en un templo religioso.

La imaginación es también una característica dominante en el Park Güell, la obra de mayores dimensiones de Gaudí en Barcelona y el principal encargo de su mecenas. Esta ciudad-jardín, de unas veinte hectáreas de extensión, combina las labores de urbanización con las arquitectónicas y las artísticas; queda fuera del Eixample, donde se asientan las edificaciones hasta

1. Park Güell. Vista aérea
2. Banco ondulado
3. Pabellones de la entrada
4 y 5. Sala hipóstila, que sostiene la gran plaza del parque

1

3

4

ahora descritas, pero su riquísimo caudal de sorpresas hace insoslayable la visita. La entrada al parque (por la calle Olot s/n) está flanqueada por dos viviendas, integradas en el muro y destinadas a los guardas de la finca y a los visitantes. Desde dicha entrada se divisa la monumental escalinata de acceso al parque, presidida por un saurio de cerámica. Tras la escalinata se levanta la sala hipóstila –un bosque de columnas– y, sobre ella, la gran plaza del Park Güell, desde la que se divisa la ciudad de Barcelona. Es en esta plaza donde se dispone, perimetralmente, el célebre banco ondulante recubierto de restos de azulejos, vajillas y botellas, que integran un casi interminable collage de deslumbrante colorido y gran dinamismo. El posterior paseo por el parque, tras conocer estos elementos centrales, depara al caminante numerosos hallazgos, entre los que cabe destacar las galerías porticadas o las residencias que

1. Galería porticada, con sus columnas inclinadas.
2, 3 y 4. Revestimientos cerámicos.
5. Escalinata de acceso a la sala hipóstila, presidida por el dragón-fuente.

1

2

3

4

en su día ocuparon los Güell o el propio Gaudí, piezas todas ellas que subrayan el carácter onírico y mágico de este recinto.

Quienes deseen completar su circuito Gaudí en Barcelona pueden visitar también la Casa Vicens (Carolines, 18-24), los pabellones de la finca Güell (Av. de Pedralbes, 7), el Palau Güell (Nou de la Rambla, 9), el colegio de las Teresianas (Ganduxer, 85-105), la Casa Calvet (Casp, 48), la Torre Bellesguard (Bellesguard, 16-20), la puerta y el muro de la finca Miralles (Manuel Girona, 55-61) y las escuelas de la Sagrada Familia (junto al templo del mismo nombre). Sin olvidar, aunque ello suponga un breve desplazamiento hasta la localidad de Santa Coloma de Cervelló, la sensacional y tremendamente expresiva cripta de la Colonia Güell, terminada por Gaudí en 1915.

1. Convento de las Teresianas.
2 y 3. Torre Bellesguard.
4. Balcón de la Casa Calvet.
5 y 6. Casa Vicens. (Todas ellas obras de Gaudí).

1

2

3

4

5

6

Ciudad olímpica

El 25 de julio de 1992, poco después de que anocheciera, una flecha de fuego surcó el cielo barcelonés. Cientos de millones de telespectadores contuvieron la respiración durante un instante, hasta que la saeta llegó a su destino: el pebetero del estadio olímpico de Montjuïc. La antorcha voladora encendió la llama que daba inicio a los Juegos Olímpicos y, al tiempo, iluminó una nueva Barcelona, amorosamente reconstruida para la ocasión.

1. El Pueblo Español y, al fondo, el Palau Nacional y la Anella Olímpica.
2. Vista del Estadio durante la celebración de los JJ.OO. de 1992.

1

La modernización olímpica de Barcelona consiste, esquemáticamente, en la renovación general de la ciudad, la recuperación de su fachada marítima, la transformación radical de cuatro áreas (calificadas como olímpicas) situadas en sus cuatro esquinas, y en la creación de las nuevas Rondas, que rodean la ciudad, reorganizan el tráfico rodado y redefinen los criterios de centralidad.

El área olímpica por excelencia es la situada en Montjuïc, escenario de las principales competiciones deportivas de los JJ.OO. de 1992. La montaña de Montjuïc, situada sobre el puerto, es la tradicional posición de defensa de la ciudad, como lo prueba la fortaleza situada en su cima. En 1929, con motivo de la Exposición Internacional, la montaña fue sometida a una primera urbanización, que dejó sobre su piel una arquitectura academicista (con excepciones como el visionario

1. Iluminación nocturna de la Fuente de Montjuïc y del Palau Nacional.
2. Ceremonia en el Estadio Olímpico.
3. Vista de la Anella Olímpica, con el estadio en primer término.

1

2

pabellón alemán de Mies Van der Rohe), avenidas sinuosas y jardines románticos. En 1992 se completó dicha urbanización con la construcción de la Anella Olímpica.

Esta zona, planificada por los arquitectos Correa y Milà, reúne los principales equipamientos olímpicos alrededor de una explanada de corte y simetrías clásicos. El mayor equipamiento es el estadio olímpico, construido por los propios Correa y Milà, junto al italiano Gregotti, a partir de una instalación preexistente. La obra conserva la epidermis de su antecesora, pero es completamente nueva en su interior. Junto al estadio olímpico se alza el Palau Sant Jordi, instalación polideportiva diseñada por el japonés Arata Isozaki, cuya cubierta recuerda vagamente el caparazón de una tortuga. Las piscinas olímpicas y una universidad del deporte cierran los lados

1. Grupo escultórico "Utsurohi", de Aiko Miyawaki, situado frente al Palau Sant Jordi (obra de Arata Isozaki, a la izquierda), en la Anella Olímpica. Al fondo, la blanca silueta de la torre de comunicaciones diseñada por Santiago Calatrava

1

restantes de la gran explanada olímpica. La blanca torre de comunicaciones, diseñada por Santiago Calatrava, completa el conjunto de la Anella Olímpica, cuyas características son las de un gran espacio abierto, aireado, donde el cielo parece algo más próximo a la tierra; un espacio que recuerda las urbanizaciones ideales de la antigüedad, horizontales, opuestas a la organización vertical de la ciudad moderna.

Si la Anella Olímpica vino a completar la urbanización de la montaña de Montjuïc, la Villa Olímpica transformó la fachada marítima de Barcelona. Pese a su condición de gran capital mediterránea, Barcelona ha mantenido, tradicionalmente, una discreta relación con el mar. El puerto, en su costa sur, y el barrio fabril de Poble Nou, en la norte, se interponían entre los barceloneses y el Mediterráneo. Los Juegos del 92 revolucionaron también esta relación, al propiciar la sustitución de las fábricas de Poble Nou por una moderna área residencial –la Villa Olímpica–, que durante tres semanas alojó a los mejores atletas del mundo y que hoy es uno de los barrios más dinámicos de la ciudad.

Cuatro kilómetros de playa, dos rascacielos, un puerto deportivo, un barrio de nueva planta cuyas construcciones de ladrillo visto evocan la antigua condición industrial del barrio y un parque son algunos de los elementos característicos de la segunda gran área olímpica de Barcelona, la que mayores cambios ha introducido en la vida ciudadana. Durante los meses de verano, las playas, a las que prácticamente se puede llegar en metro, son frecuentadas por cientos de miles de ciudadanos. Los restaurantes y bares del Puerto Olímpico figuran entre los más concurridos de la ciudad a lo largo de todo el año. Y sus terrazas son, desde la primavera hasta finales de otoño, un concurridísimo punto de reunión.

El cuarteto de áreas olímpicas nacidas con los Juegos del 92 se completa con las de Vall d'Hebron y Diagonal. La de Vall d'Hebron,

1, 2 y 3. Vistas de la Villa Olímpica.
4. Detalle de la escultura "Pez", de Frank O. Gehry, situada frente a uno de los dos rascacielos de la Villa Olímpica.

1

2

3

en la que se reúnen nuevas instalaciones deportivas, merece una visita, dado su revolucionario planteamiento urbanístico, que se evidencia tanto en su organización viaria como en el mobiliario y los materiales urbanos o en su parque de esculturas.

Como último fruto de la transformación olímpica cabe mencionar las Rondas, un anillo viario de 35 kilómetros que ha modificado y aligerado la circulación rodada en la ciudad. Las Rondas permiten circunvalar Barcelona en menos de media hora y acceder a cualquiera de sus rincones evitando cruzar la ciudad.

El "toque olímpico" no se limita sin embargo a estas intervenciones directas y es perceptible en el conjunto de la ciudad, y muy especialmente en el Eixample y en sus zonas históricas, gracias a la operación de rehabilitación y renovación urbana desarrollada en vísperas de los Juegos y proseguida, de modo regular, a su término.

1. Vista aérea de la Villa Olímpica y del Puerto Olímpico, el nuevo frente marítimo de Barcelona, donde se levantan el Hotel Arts y la Torre Mapfre.

Ciudad del arte

Pablo Picasso se formó en Barcelona, la misma ciudad en la que nacieron Joan Miró y Antoni Tàpies. Estos grandes nombres del siglo xx vienen a prolongar la ancestral relación entre Barcelona y la plástica, que hace de la capital mediterránea una ciudad de las artes. Es decir, una villa hermosa gracias al talento refinado de los mejores técnicos y artesanos, presente en sus muy diversas construcciones, y gracias también al genio de los grandes creadores que a lo largo de la historia han colmado sus museos y colecciones.

1. El Palau Nacional, sede del MNAC.
2. El gran salón oval del Palau Nacional.

1

2

El principal centro museístico de la ciudad es el Museu Nacional d'Art de Catalunya (MNAC), situado en el Palau Nacional, en Montjuïc. Este centro, remodelado por Gae Aulenti, alberga la principal colección mundial de pintura mural románica, reunida a principios de siglo mediante una acertada operación de rescate efectuada en decenas de pequeñas iglesias pirenaicas. Destaca igualmente entre sus tesoros la muy apreciada colección de pintura gótica. El MNAC, que cuenta en su sede con el impresionante salón oval (un espacio cuya grandiosa volumetría no conoce parangón) dispone asimismo de colecciones más recientes, como la que se exhibe en el Museu d'Art Modern de la Ciutadella.

Junto a la oferta de arte histórico –que se complementa con una selección de pintura clásica de la

1

2

3

1. "Paisatge de Fornalutx", de J. Sunyer.
2. Retablo de la Mare de Déu dels Àngels de Tortosa, obra de Pere Serra.
3. Armario de tres cuerpos con plafones decorativos, firmado por Gaspar Homar.
4. Pantocrator del mural románico procedente de la iglesia de Santa Maria de Taüll.
(Todas estas obras pertenecen al MNAC)

EGO
LVX
SVM
MVDI

colección Thyssen Bornemisza, expuesta en el magnífico monasterio de Pedralbes–, Barcelona destaca por sus fondos de arte contemporáneo.

En el corazón del antiguo Raval, se alza el impresionante edificio del Museu d'Art Contemporani de Barcelona (Macba), obra del norteamericano Richard Meier. Esta mole blanca y luminosa, de reciente inauguración, expone las últimas creaciones de los artistas catalanes, confrontadas con las de sus colegas extranjeros.

Junto al Macba, en el Raval, un barrio en proceso de transformación en el que proliferan las galerías de arte joven, se encuentra el Centre de Cultura Contemporània de Barcelona (CCCB), cuyo programa de exposiciones, siempre relacionadas con la urbe moderna, es uno de los más atractivos e imaginativos de la ciudad.

Con todo, el museo tradicionalmente más visitado de la ciu-

1. Monasterio de Pedralbes.
2. "El desconsol", de J. Llimona.
3. "Elogio del agua", de E. Chillida.
4. Centre de Cultura Contemporània de Barcelona.

1

2

3

dad es el dedicado, de modo monográfico, a Pablo Picasso, situado en tres palacios intercomunicados, en la calle Montcada. El Picasso –ya mencionado en un capítulo anterior– reúne la mejor colección de los años formativos del artista, así como pinturas muy destacadas de sus períodos posteriores. Sus cuadros, en los que a menudo se evidencian las sucesivas revoluciones a que Picasso sometió el arte pictórico, contrastan extraordinariamente con el ámbito medieval en el que se levanta este museo. El Picasso complementa su atractivo con un riguroso programa de exposiciones temporales en las que investiga sobre distintos períodos o temas de la producción picassiana.

En el centro del Eixample, la Fundació Tàpies (Aragó, 255) reúne una espléndida colección cedida por el artista informalista barcelonés. Este centro, que desa-

1. El pabellón aleman de la Exposición Internacional de 1929, construido por Mies van der Rohe, es una pieza clave de la arquitectura contemporanea.
2. Exterior del Macba, obra del arquitecto norteamericano Richard Meier.

1

MUSEU D'ART CONTEMPORANI DE BARCELONA

rrolla también un programa de exposiciones propio, de fuerte personalidad y notable compromiso, se sitúa en una vieja construcción modernista. La vieja fachada de ladrillo vista ha sido rematada por Tàpies con una escultura de grandes dimensiones, que atrae poderosamente la atención.

En la montaña de Montjuïc se encuentra otro centro dedicado a un gran artista catalán: el edificio de hormigón de la Fundació Miró, una entidad privada creada por expresa voluntad del pintor, tanto para mostrar su producción como para ayudar a los jóvenes artistas. La Fundació Miró, obra de J. L. Sert ocupa una construcción luminosa, de aire mediterráneo, en la que el ajetreo ciudadano parece detenerse. En sus salas se exhiben pinturas, esculturas, tapices y cerámicas de todos los períodos mironianos, así como exposiciones temporales.

Los amantes del arte deben saber

1

1. Vista nocturna de la Fundació Tàpies, coronada por la obra "Núvol i cadira". 2 y 3. Dos obras expuestas en el Museu Picasso de Barcelona: "Busto de mujer con sombrero" y "Arlequín".

2

3

que la oferta barcelonesa en materia de artes plásticas no acaba aquí y que son varias las entidades públicas o las fundaciones y galerías privadas que programan regularmente temporadas de exposiciones.

El arte está también en Barcelona fuera de los museos, en las calles. El monumento a Colón, al final de la Rambla, es uno de sus signos de identidad y quizás la más conocida de las 500 esculturas y elementos arquitectónicos u ornamentales que pueden verse al aire libre. La lista de obras –levantadas casi todas durante el último siglo (y buena parte durante los últimos años) por artistas locales y extranjeros– incluye piezas de visita muy recomendable. Entre ellas, cabe mencionar las espectaculares farolas modernistas del Passeig de Gràcia (Pere Falqués), *El Desconsol* (Llimona) en el parque de la Ciutadella, frente a la sede del Parlament catalán, *Elogio del agua* (Chillida) en el parque de la Creueta del Coll, la ya mencionada *Núvol i cadira* (Tàpies) sobre la fundación de este

1 y 2. Esculturas de Miró expuestas en el exterior y el interior de su Fundació.
3. La Fundació Miró de Barcelona.

1

2

artista en la calle Aragó, *Dona i ocell* (Miró) en el parque del Escorxador, la escultura *Pez* (Gehry) en la Villa Olímpica o *Cerillas* (Oldenburg) en Vall d'Hebron.

El plan de esculturas al aire libre de Barcelona en los últimos veinte años –calificado por el crítico Robert Hughes como "el más ambicioso visto en el mundo occidental" y como "antología única"– ha supuesto, junto a la eclosión arquitectónica en el mismo período, un renovado y cosmopolita impulso para la ciudad. Barcelona es ahora, más que antes si cabe, una ciudad de las artes. Tanto por su tradición como por su reacreditada vocación.

1. El puente de Bac de Roda, obra de Santiago Calatrava.
2. El Teatre Nacional de Catalunya, obra de Ricardo Bofill.
3. La torre de comunicaciones de Collserola, obra de Norman Foster.
4. "Dona i ocell", escultura de Joan Miró en el Parc de l'Escorxador.
5. Parque de la Estación del Norte, obra de Beverly Pepper.
6. Escultura "Barcelona Head", de Roy Lichtenstein.
7. Torres del parque de la España Industrial, de Luis Peña Ganchegui.
8. "Cerillas", de Claes Oldenburg.

1

2

3

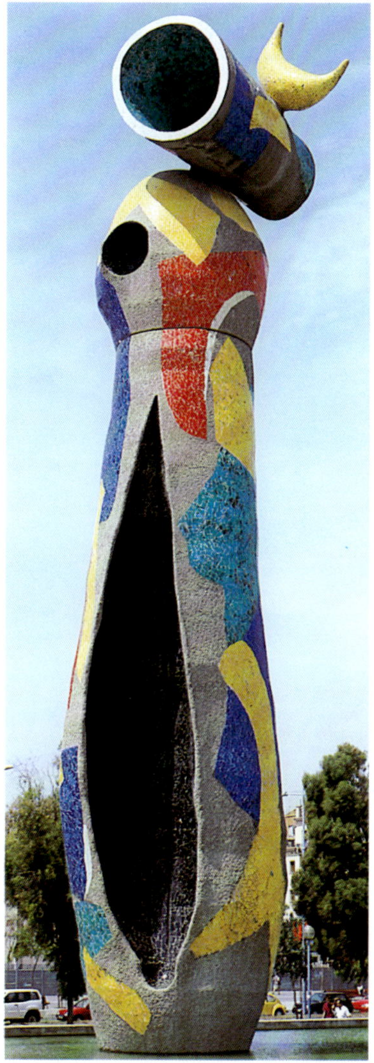

4

5

6

7

8

Ciudad del ocio

Los barceloneses, como los catalanes en general, tienen fama de ser gente trabajadora. Y lo son. Pero también a ellos les gusta divertirse y, a tal efecto, han reunido en su ciudad un sinfín de lugares donde hacerlo. De hecho, dos parques de atracciones presiden la ciudad. Sobre la ladera de la montaña de Montjuïc está uno de ellos. Y en la sierra de Collserola se levanta el parque del Tibidabo, a cuyos pies se despliega la ciudad hacia el mar. El Tibidabo, con su atalaya, su avión cautivo, su túnel de los horrores, su museo

1. Parque de atracciones del Tibidabo.
2. El Camp Nou, estadio del F. C. Barcelona, el "Barça".

1

2

de autómatas y sus diversas instalaciones, es un hito ineludible en la primera educación sentimental de todo barcelonés.

Al crecer, los barceloneses mudan sus pasiones. Muchos de ellos las organizan alrededor del Fútbol Club Barcelona –el *Barça*, en términos coloquiales–, una entidad mastodóntica en la que confluyen la afición deportiva y la reivindicación política. Cerca de 120.000 personas acuden cada día de partido al Camp Nou, su espectacular terreno de juego; (los días restantes se conforman con comentar el último encuentro). Su museo –donde se veneran los trofeos obtenidos por el club– recibe alrededor de medio millón de visitas anuales.

Los partidarios de las pasiones personales más convencionales –el amor, la amistad, la conversación, el debate– disponen en Barcelona de un escenario insuperable, que ha dado en definirse como "la noche diseñada". Ciudad ufana de su tradición en el terreno arqui-

1. "Noche diseñada": Torres de Ávila.
2 y 3. Inquilinos del Zoo: tres delfines y el gorila albino "Copito de nieve".

1

tectónico y en el de las artes aplicadas, Barcelona ha abierto durante los últimos veinte años cientos de locales –bares, discotecas...– donde la creatividad de los jóvenes profesionales ha propiciado escenarios mágicos. Barcelona cuenta asimismo con cientos de restaurantes en los que degustar la afamada cocina local (que va desde el humilde –pero definitivo– pan con tomate, sal y aceite hasta los más sofisticados guisos) o bien las diversas especialidades de la cocina internacional.

Los amantes de los animales tienen en Barcelona dos visitas obligadas. La primera les llevará al Zoo, en el Parque de la Ciutadella (que también alberga el Museu de Zoologia, en un espectacular edificio modernista); el más famoso inquilino del Zoo es *Floquet de neu* (Copito de nieve), el único gorila albino del que se tiene noticia. La segunda visita obligada les conducirá hasta Maremàgnum, en el puerto, donde funciona l'Aquàrium; en él evolucionan especies piscícolas de todo el planeta

1 y 2. Fauna mediterránea y túnel transparente de observación en l'Aquàrium.

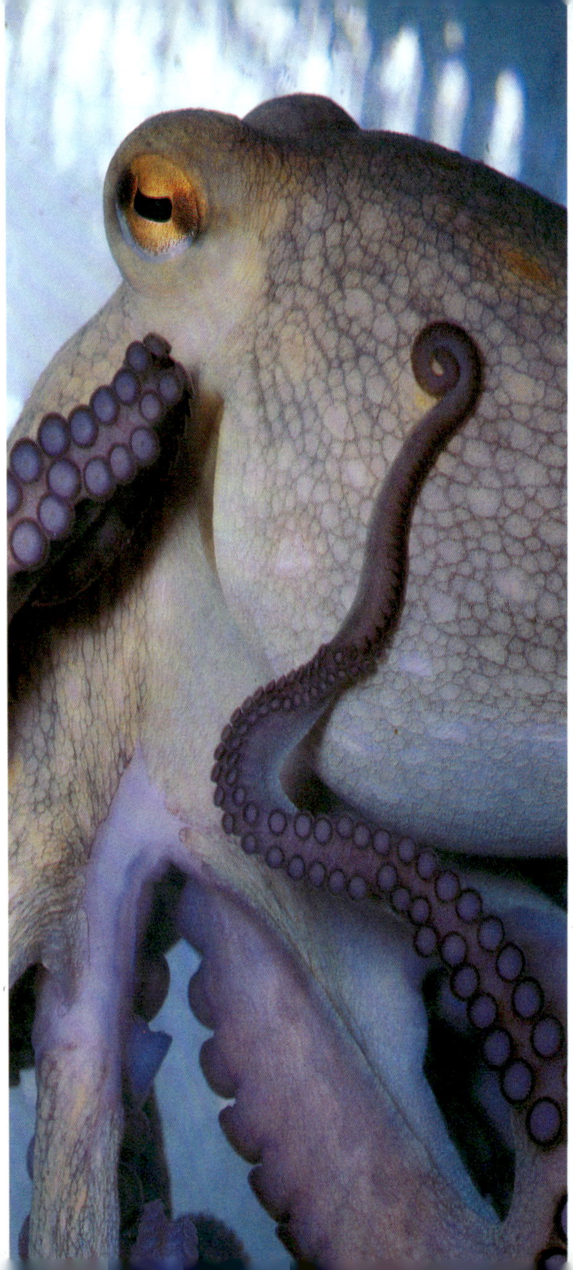

y, en particular, un grupo de tiburones, alojados en un gran tanque, por cuyo fondo pasean los visitantes, a través de un túnel de paredes transparentes.

Barcelona es también una ciudad que cuenta con una espléndida oferta musical, gracias a su temporada operística en el Gran Teatre del Liceu, sus tres temporadas anuales de música clásica e incontables conciertos de música joven. Unas cien pantallas cinematográficas –incluido el Imax de Maremàgnum– funcionan en la ciudad, al igual que una veintena de salas en las que se programa teatro independiente, clásico, de bulevar o infantil con regularidad. Y, por supuesto (dado que nuestra civilización dedica con creciente frecuencia su ocio al "shopping"), Barcelona ofrece distintas zonas comerciales, vertebradas, entre otras arterias, por el Passeig de Gràcia (El Corte Inglés, Virgin, el Boulevard Rosa, Vinçon, etc.)

1. "Gamba" obra de Mariscal en el Moll de la Fusta.
2. Centro comercial L'Illa-Diagonal.
3. El cine IMAX, en Maremàgnum.
4. Pueblo Español, en Montjuïc.

1

2

3

o la Diagonal (L'Illa, con cadenas como FNAC, Marks and Spencer, Decathlon, etc).

Aquellos que prefieran dedicar su ocio al paseo tienen en Barcelona una amplia oferta gracias a los nuevos parques abiertos en la ciudad durante los últimos años. Y hay que mencionar también el Pueblo Español, construido en Montjuïc con motivo de la Exposición Internacional de 1929. Esta peculiar instalación reproduce a escala real la arquitectura popular de todas las regiones de España, reuniendo en un pueblo todas sus tipologías constructivas.

Barcelona es también uno de los mejores escenarios para contemplar la rica gama de tradiciones populares catalanes. La que con más precisión refleja el carácter local –labor en común, tenacidad y un punto de locura– es probablemente el de los *castells* o torres humanas. Otras tradiciones tienen un carácter festivo más acusado, entre ellas los *gegants*, pre-

1, 2 y 3. Imágenes del "Bestiari" que recorre las calles de la ciudad en fiestas.
4. Un "drac" en la Rambla.

1

2

3

FERRAN
202 11 71
Institut d'Estudis Catalans
Biblioteca de Catalunya
Escola Massana
LA VANGUARDIA
ESTÀ POSANT
GUAPA
LA RAMBLA
DE LES FLORS

sentes en gran cantidad de pueblos y ciudades, y el *correfoc*, una celebración de pólvora y fuego que remite a la mitología pagana.
Este último festejo, estrechamente vinculado a los solsticios y las celebraciones estivales, convierte las calles de Barcelona en un mar de fuego, donde las luces, las llamas, las chispas y los destellos, visten la noche con los colores más brillantes. Y, al tiempo, en complementaria metáfora, aluden a la brevedad y la finitud de la experiencia humana, influyendo a la postre en la definición del carácter local, que tiene rasgos pragmáticos, negociadores y relativistas.

1. Imágenes del "Correfoc".
2, 3 y 4. Pareja de gigantes y otras figuras habituales en las celebraciones ciudadanas.
5. Los diablos del "Correfoc".

2

3

4

Cerca de Barcelona

La oferta turística situada en un radio de 200 kilómetros alrededor de Barcelona despliega un completo abanico de posibilidades.

Al norte de la ciudad, el visitante puede elegir entre los Pirineos y la Costa Brava. Los Pirineos ofrecen desde una ruta por sus iglesias románicas –uno de los mejores conjuntos europeos– hasta numerosas estaciones en las que se puede practicar el esquí, ya sea alpino o nórdico. Asimismo, los ríos del Pirineo se utilizan

1. La ermita románica de Sant Climent de Taüll, en el Pirineo.
2. La montaña del Pedraforca.
3. "Rafting" en el río Noguera Pallaresa.
4. Desfiladero de Mont-Rebei, en Lleida.

1

2

3

4

1

2

3

4

como ámbito ideal para los deportes de aventura.

La Costa Brava es, por su paisaje agreste y la suavidad de su clima, un apreciado destino vacacional. Esta zona es idónea para la práctica de los deportes acuáticos o, sencillamente, para los baños de sol y de mar y el relax. La franja costera cuenta con villas de indudable encanto –como Calella o Cadaqués– donde se combinan tradición y servicios turísticos.

La Costa Brava dispone además de instalaciones culturales sorprendentes, como el visitadísimo Museu Dalí de Figueres, donde se conserva una parte significativa de la obra del pintor surrealista. La ruta Dalí –que enlaza dicho museo con las residencias de Port Lligat y Púbol que ocupó el artista– es otro de los atractivos de la zona.

Más cerca de Barcelona se encuentra Montserrat, una impresionante mole pétrea redondeada

1. Cala del Pi, cerca de Platja d'Aro.
2. Calella de Palafrugell.
3. Regata de históricas embarcaciones de vela latina frente a Cadaqués.
4. La Torre Galatea, convertida en Museu Dalí, de Figueres.

por el viento y la lluvia a lo largo de los siglos, considerada por los catalanes como montaña sagrada y centro espiritual, puesto que en ella se venera a la virgen negra que tienen por patrona.

El monasterio de Montserrat, dotado de una espléndida basílica, alberga además una notabilísima biblioteca y atesora su propia colección de artes plásticas, en la que no faltan obras contemporáneas. La silueta de Montserrat, enclavada en el corazón de la geografía catalana, es una referencia constante y uno de los símbolos clásicos de Cataluña.

Al sur de Barcelona resulta particularmente atractiva la comarca vinícola del Penedés, famosa en el mundo entero por su producción de *cava*. Y también localidades como Sitges o Cambrils, destinos turísticos ya tradicionales de la ciudadanía europea.

También al sur de Barcelona se levantan los recintos monacales de Poblet, Santes Creus y Vall-

1

2

3

1, 2 y 3. Tres imágenes de Montserrat: el monasterio, el funicular de Sant Jeroni y el perfil de la montaña, desde el llano.

1

2

3

bona de les Monges, imponentes conjuntos monumentales estrechamente ligados a la historia de Cataluña.

Junto a estos atractivos destaca, pese a su juventud, el parque temático de "Port Aventura". Desde su inauguración en 1995, el parque ha recibido un flujo millonario de visitantes, que le han convertido en la segunda instalación europea más frecuentada de su género.

En suma, Cataluña ofrece al visitante –y a menudo de modo simultáneo– un amplio abanico de posibilidades, que va desde las bellezas naturales hasta el sector de servicios, desde los deportes de la nieve hasta aquellos que se realizan junto al mar, y desde el consumo hasta la cultura, fruto todas ellas de unos recursos privilegiados y de varios decenios de intensa dedicación a la industria turística.

1. Port Aventura: el "Dragón Khan".
2. Monasterio cisterciense de Poblet.
3. Puerto de Cambrils.

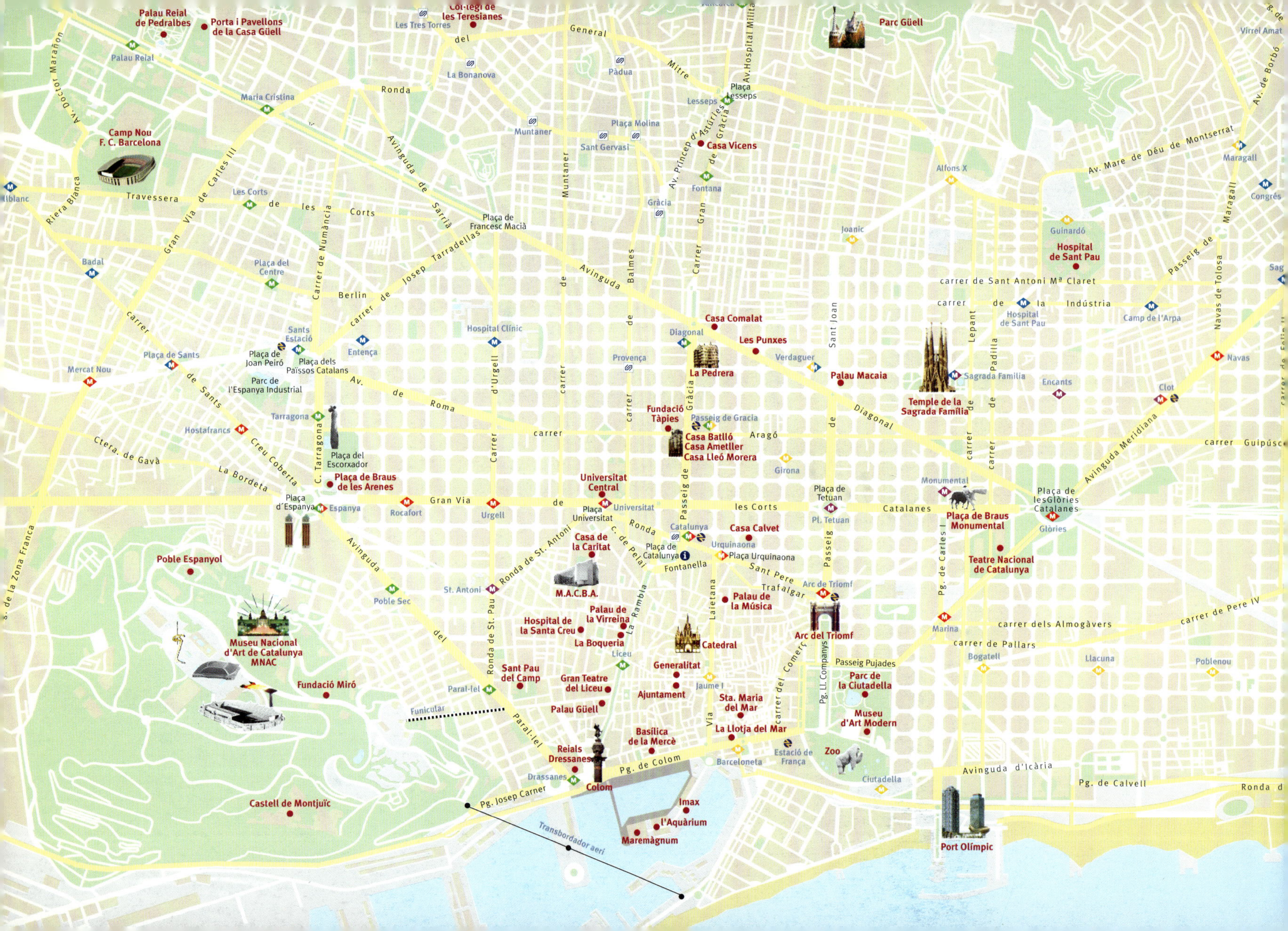

Palau Reial de Pedralbes
Porta i Pavellons de la Casa Güell
Col·legi de les Teresianes
Parc Güell
Palau Reial
Les Tres Torres
La Bonanova
Pàdua
Plaça Lesseps
Lesseps
Maria Cristina
Camp Nou F. C. Barcelona
Muntaner
Plaça Molina
Sant Gervasi
Casa Vicens
Fontana
Gràcia
Les Corts
Travessera de les Corts
Plaça de Francesc Macià
Alfons X
Maragall
Congrés
Av. Mare de Déu de Montserrat
Joanic
Guinardó
Hospital de Sant Pau
Badal
Plaça del Centre
Berlin
carrer de Sant Antoni Mª Claret
carrer de la Indústria
Hospital de Sant Pau
Camp de l'Arpa
Casa Comalat
Les Punxes
Diagonal
Verdaguer
Hospital Clínic
Sants Estació
Entença
Plaça de Sants
Plaça de Joan Peiró
Plaça dels Països Catalans
Mercat Nou
Parc de l'Espanya Industrial
Provença
La Pedrera
Palau Macaia
Sagrada Família
Temple de la Sagrada Família
Encants
Clot
Navas
Av. de Roma
Tarragona
Hostafrancs
Plaça del Escorxador
Fundació Tàpies
Passeig de Gràcia
Casa Batlló
Casa Ametller
Casa Lleó Morera
Aragó
Girona
carrer Guipúscoa
Avinguda Meridiana
Ctera. de Gavà
La Bordeta
Creu Coberta
Plaça de Braus de les Arenes
Universitat Central
Plaça d'Espanya
Espanya
Rocafort
Gran Via de les Corts Catalanes
Urgell
Plaça Universitat
Universitat
Plaça de Tetuan
Pl. Tetuan
Monumental
Plaça de Braus Monumental
Plaça de les Glòries Catalanes
Glòries
Catalunya
Casa Calvet
Casa de la Caritat
Urquinaona
Plaça Urquinaona
Plaça de Catalunya
Fontanella
Teatre Nacional de Catalunya
Poble Espanyol
Poble Sec
St. Antoni
Ronda de St. Antoni
M.A.C.B.A.
Palau de la Música
Arc de Triomf
Marina
carrer dels Almogàvers
carrer de Pere IV
Museu Nacional d'Art de Catalunya MNAC
Hospital de la Santa Creu
Palau de la Virreina
La Boqueria
Liceu
Catedral
carrer de Pallars
Bogatell
Llacuna
Poblenou
Passeig Pujades
Fundació Miró
Sant Pau del Camp
Paral·lel
Gran Teatre del Liceu
Generalitat
Ajuntament
Jaume I
Parc de la Ciutadella
Museu d'Art Modern
Sta. Maria del Mar
Funicular
Palau Güell
Basílica de la Mercè
La Llotja del Mar
Reials Drassanes
Drassanes
Colom
Pg. de Colom
Barceloneta
Estació de França
Zoo
Ciutadella
Avinguda d'Icària
Pg. de Calvell
Pg. Josep Carner
Imax
l'Aquàrium
Maremàgnum
Castell de Montjuïc
Transbordador aeri
Port Olímpic